AF473192

MÉMOIRE

A L'INSTITUT NATIONAL,

Sur la réintégration du sang artériel dans les veines, la séparation de la bile, la formation de l'atrabile, la nutrition, les ictères, etc.

1. Si jamais vérité blessa les préjugés, c'est que nous avons autant de cœurs qu'il y a dans nos systêmes de régions où il s'exécute des sistoles et diastoles, ou que nous n'en avons point. Le cœur aussi bien que les vaisseaux artériels sont passifs et inerts par eux-mêmes : ils reçoivent la force d'expansion et de dépression, dont ils jouissent, des fluides qu'ils contiennent. Il est surprenant que voyant le sang artériel tantôt repousser le doigt, tantôt fléchir sous lui, le voyant s'échapper de la section par des jets intermittans, nous n'ayons pas conclu qu'il se décomposait dans le cœur, et qu'il coulait dans les artères sous une forme qui n'est pas une.

2. Lorsque l'artiste fait bouillir sur un brâsier, le mercure introduit dans un tube de baromêtre, vous voyez l'oxigène fixé dans le radical métallique, se dégager et fuir par bulles élastiques : si l'orifice d'un tel tube était garni d'un systême de tubes capillaires, disposé comme les ramifications artérielles, tant que le métal serait en ébulition, vous auriez le spectacle d'émissions alternées de fluides et de liquides par

petites masses. Tel, ou [illegible]u près, le sang part du [illegible]œur, et s'échappe des art[illegible].

3. Je pars de principes portés au [illegible]dence démonstrative et physique, en nos *notions mathématiques de chimie et de médecine*, et en un mémoire présenté à l'Institut, sous le nom et la forme de prospectus de chimie-physique (a); principes, dont une partie appartient à *Lavoisier*, et dont l'autre partie m'est propre; principes dont je me propose de faire ici une application rigoureuse à des profondeurs de la médecine jusqu'ici inaccessibles. Ces principes sont :

4. 1°. Que le calorique existe sous deux formes dans la nature : la forme fixe, et la forme libre.

5. 2°. Que le calorique fixe est *celui qui est enchaîné dans les* (bâses des) *corps par la force d'attraction*,

---

(a) Ces deux écrits se trouvent chez *Fuchs*, libraire, rue des Mathurins; le premier, qui est la première partie d'un cours de médecine exacte, rédigé selon le mode sévère des géomètres, doit être étudié proposition à proposition, comme tous les livres de mathémathiques; il n'a présenté à des esprits ou naturellement légers, ou énervés par la latitude des conjectures médicales, que des chimères à eux appartenant, et non à l'écrivain. Le jeune médecin, capable d'un noble effort, recevra pour prix de son travail, d'être sur les voies d'une médecine exacte, et de réunir, dans sa pratique, aux observations d'*Hypocrate*, la connaissance des causes; il ne les combattra pas toujours avec efficacité; car la médecine exacte reconnait et démontre des causes de maladies irremédiables; mais au moins il agira toujours dans le sens de la nature médicatrice; prévoira, préviendra souvent ses écarts homicides; et ne tuera pas : ce qui est beaucoup.

et qui constitue une partie de leur substance, et même de leur solidité. (Chimie de *Lavoisier*, page 21.)

6. 3°. Que le calorique libre est *celui qui se dégage des* (bâses des) *corps dans leurs combustions, et dont le mouvement expansif détermine la sensation de chaleur.*

7. 4°. Que la combustion consiste en fixation d'oxigène libre, et en dégagement de calorique fixe; que la congélation consiste au contraire, en fixation de calorique libre, et en dégagement d'oxigène fixe: vérités démontrées, l'une par *Lavoisier*; l'autre par moi: vérités desquelles il suit: 1°. Qu'il n'y a ni combustions, ni congélations, sans dégagement; là, de calorique; ici, d'oxigène: propositions qui sont réciproques. 2°. Que les combustions sont proportionnelles à l'oxigène libre, et les congélations au calorique libre.

8. 5°. Le calorique est la substance la plus exigue de la nature; il n'est aucun corps qui lui soit imperméable: l'oxigène, au contraire, est si massif et volumineux, que même il est coercé efficacement par les viscères humains; il ne peut donc exister ni combustion, ni congélation, savoir: là, sans accrétion; ici, sans décrétion de masses et de volumes.

9. Vous opposeriez en vain à cette théorie que l'eau par son dégel (qui est une combustion) diminue de masse et de volume; et au contraire qu'elle augmente des deux manières, par congélation. La diminution de masse et de volume dans l'eau qui dégèle, procéde évidemment de la fumée gazeuse qui s'en sépare; et l'accroissement de l'une et de l'autre, dans l'eau glaçante, de l'oxigène dégagé qui s'interpose visiblement dans les glaçons sous forme de globules élastiques.

10. 6°. *Lavoisier* démontre que l'effet de la combustion est de convertir le charbon en acide carbonique, et l'hydrogène inflammable en eau-en-vapeurs : j'ai démontré que l'effet de la congélation est de rappeler l'acide carbonique et l'eau-en-vapeurs, à leur état primitif de charbon et d'hydrogène inflammable. Les deux mouvemens de principes étant inverses, le dernier détruit nécessairement l'effet du premier ; et toutes choses sont remises au même état que devant.

11. Tout ce qui vient d'être dit, des combustions et des congélations, est applicable aux combinaisons et aux volatilisations : ces opérations de la nature sont respectivement identiques entr'elles. *Point de combinaison sans combustion; point de volatilisation sans congélation.* *Lavoisier* a démontré un de ces principes ; et moi l'autre.

12. Je n'ajoute qu'un mot : le calorique libre ne peut déloger des bâses l'oxigène fixe ; ni l'oxigène libre, le calorique fixe, sans un excès de masse : car l'attraction est régie par la directe des masses ; (ce principe est de *Newton*) ; et encore sans que l'équilibre soit rompu : en sorte que cette théorie se réduit, en dernière analyse, aux simples lois de l'équilibre.

13. Je prends le sang immédiatement après sa réintégration dans les veines, point où nous nous proposons de le ramener. Il lâche alors un calorique (6), puisqu'il échauffe son atmosphère ; donc il reçoit de l'oxigène en place (7), donc il augmente en masse et en volume (8).

14. L'expansion qui en résulte est si forte que, d'espace en espace, la nature se forme aux dépens

de la tunique interne des veines, et par ses duplicatures, des soupapes ou valvules, pour prévenir les mouvemens rétrogrades. à la faveur de ce mécanisme, le sang s'avance irrésistiblement vers le cœur, son contenant devenant sans cesse trop petit.

15. Ses mouvemens commencent à devenir sensiblement oscillatoires dans le tronc de la veine cave, qui a son embouchure dans le cœur même : il approche des feux pulmonaires, dont nous avons démontré l'existence dans notre précédent mémoire. L'oxigène, dont il s'est enrichi sur sa route, malgré son état de fixité, trop dilaté par la richesse du calorique libre, conserve avec peine son affinité : la balance est vacillante entre lui et ce même calorique.

16. Il s'ouvre l'oreillette du cœur par ses bouillons, qui se pressant l'un l'autre, comme les flots de la mer, le poussent dans le cœur.... Dans le cœur, où un reste d'oxigène, dégagé de la volatilisation, qui a précédé, ainsi qu'il se verra (18), augmente soudain la combustion, toujours proportionnelle à l'oxigène (7).... Dans le cœur situé au foyer des feux pulmonaires.... en un clin-d'œil, l'oxigène fixé dans le liquide passe à la forme libre, se dégage comme dans la colonne mercurielle en ébullition, et cède les bâses au calorique libre qui s'y fixe.

17. Le même phénomène s'exécute dans le tissu du cœur; les bâses du cœur étaient saturées d'oxigène fixe; il prend la forme libre : elles étaient isolées entr'elles par le calorique interposé; il se résume en elles : rien ne les séparant plus, le cœur devient un solide compact.

18. Par sa transition d'un de ces états à l'autre, et

à mesure que ses diamètres se raccourcissent, il chasse de sa capacité le liquide ébu[illegible] issue est ouverte ; c'est l'artère pulmonaire, [illegible]écipite par cette porte ; mais non plus sous une form[illegible] unique : la masse volatile, qui correspond à celle qui se fige dans la palette, est précédée : 1°. D'un oxigène libre ; car point de volatilisation sans dégagement d'oxigène (7). 2°. De celui qui, interposé dans un menstrue, formerait la lymphe par le refroidissement. Quant à l'oxigène qui se dégage de la substance même du cœur, il s'interpose comme dans la glace (9), excepté la portion qu'on trouve dans son reste de capacité, et que la nature destine, ainsi qu'il a été dit ci-dessus (16), à porter au *maximum*, la combustion subséquente.

19. Ce même oxigène, que je demontre à votre raison, je vais le faire entendre à votre ouïe.

20. Il n'y a pas d'absurdité comparable à celle de prétendre que les corps soient capables d'accrétion ou de décrétion ; je veux dire, de *ressort*, sans addition et soustraction, ou sans commutation d'élémens. Lorsque le marteau frappe l'enclume, si les deux surfaces s'affaissent et se dépriment, c'est par intussusception de l'exigu calorique, en place du massif oxigène qui, prenant la libre forme, et combustionnant les bâses aëriennes, est la cause physique de la sensation à laquelle nous donnons le nom de bruit. Il n'y a *point de combustion sans bruit*. Le tonnère des cheminées embrâsées, et le murmure de vos foyers domestiques, vous en offrent la preuve ; les combinaisons chimiques sont toutes plus ou moins garruleuses.

21. Le nitre que le génie de la guerre enferme dans

le bronze, ou dans les entrailles de la terre, ce sont donc des bâses douées d'oxigène fixe, et elles en contiennent leur *maximum* : la moindre accession de chaleur, la plus légère étincelle, en le dilatant, lui ravit la raison directe des masses, et avec elle, l'équilibre.... A l'instant, dégagé des chaînes de l'attraction, il délaisse les bâses au calorique libre, plus fortement attiré, prend son essor par le lieu de moindre résistance; et ce sont ses élémens massifs qui lancent la foudre au loin, ou séparent de la terre des segmens entiers du globe; cet effet ne peut être attribué au calorique expansif; il traverse, sans les déplacer, les marbres, les métaux, les substances les plus dures (8); à plus forte raison, la masse fluide des airs. La sistole du cœur étant bruyante, il est donc évident qu'elle émancipe de l'oxigène.

22. Ce phénomène est un faisceau de lumière sur la cause matérielle des flatulences, des éructations, de l'éternuement, du hocquet, de la toux, de vingt autres affections; mais sur-tout de celle des réactions appelées *métastases*. L'oxigène fugitif d'un foyer gonoroïque, s'échappe selon la moële alongée, comme le fluide électrique, selon le conducteur, par une série de combinaisons et de volatilisations; arrive à la substance médullaire, et de-là est renvoyée, ou au scrotum, ou en d'autres parties du systême, dans lesquelles il détermine les combinaisons varioliques; tel l'oxigène, qui fuit avec bruit de vos poumons, va faire écho dans la forêt voisine, et vient réagir vers sa source, et dans les régions adjacentes.

23. Les artères étant substantiellement d'un tissu très-homogène à celui du cœur, et chaque portion volatile du sang artériel étant précédée d'une bouffée d'oxigène libre, plus d'acides animaux ; il est nécessaire (7) que ces derniers élémens déterminent une grande combustion dans les viscères ; combustion qui ouvrira l'entrée d'une section ultérieure du canal artériel ; combustion qui, parvenue à son *maximum*, reproduira la même scène dont vous avez été témoin, au cœur : tous les diamètres du contenant se raccourciront ; il chassera ainsi en avant le liquide admis, et qui sera successivement admis et chassé jusqu'aux chambres réconstitutionnelles, sans que la ligature, que vous feriez en une partie supérieure d'une artère, puisse l'empêcher de se vider complètement.

24. Le mouvement péristaltique s'institue comme le mouvement artériel. Les capacités du ventricule et du cœur se dilatent par combustion, se rétrécissent par volatilisation ; les contenus s'échapent, étant d'abord trop grands, et ensuite les contenans étant trop petits ; phénomène qui se renouvelle de section en section dans les prolongemens des deux viscères ; en sorte que vous pouvez considérer les vaisseaux artériels comme une série des cœurs, et le tube intestinal comme une série de ventricules, les uns et les autres, ajustés bout-à-bout : les détonations, qui précèdent les sécrétions, donnent acte de la présence du fluide dégagé (20) qui ouvre les voies.

25. Nous avons amené le sang artériel aux extrémités artérioliques : il est question de le réintégrer dans

les racines des veines : c'est sur le théâtre du foie, que cette scène sera présentée pour la première fois.

26. Le sang, qui arrive en ce viscère, a deux sources : l'une est l'artère hépatique dont le liquide dérive immédiatement du cœur par l'aorte : les flots de la veine-porte sont délivrés par l'autre.

27. La veine-porte étend ses racines dans le poumon, le ventricule, la ratte, les intestins, le mésentère, l'épiploon, les hémoroïdes, etc. : riche du tribut de tant de régions, chargée du calorique oléeux, qu'elle perçoit dans ses domaines sébacés, elle réunit ses branches comme un fleuve qui se grossit de confluens, se partage de nouveau en divers troncs, et se porte au sinus du petit lobe du foie. Elle n'est pas plutôt arrivée en ces lieux, voisins des feux pulmonaires, que son liquide parvient au degré de la chaleur précordiale. Soudain il prend le rithme artériel, se volatilise, et se fait précéder de son oxigène dégagé : phénomène qui s'exécute comme au cœur, les circonstances étant les mêmes.

28. O vous, qui attribuez à la force musculaire du cœur, le mouvement projectile du sang artériel dans ses vaisseaux, vous voilà réduits à nous gratifier d'un autre cœur dans le foie ! Quel sera votre embarras, lorsque l'anatomie comparée vous présentera des insectes et des reptiles sans cœur, et qui cependant jouissent de sistoles et diastoles artérielles ?

29. C'est une loi de la nature, que les artères soient accouplées ; elles vont toujours par paires : ce phénomène a lieu dans le cordon ombical, et vous allez le trouver dans le viscère hépatique ; sans ce mécanisme, la réintégration du sang artériel serait impossible.

30. La veine-porte, devenue artère, s'empresse de s'associer à l'artère hépatique : ces deux sœurs divisent et subdivisent leurs ramifications, jusqu'à ce qu'elles arrivent, compagnes toujours inséparables, dans de petites chambres du tissu cellulaire, qui sont semblables à de petits grains de millet, et qu'il faut considérer comme autant de petites cornues, pourvues de trois orifices tubulés, non compris ceux de leurs propres désinences : là, c'est une racine de la veine-cave ; ici, c'est une racine du canal hépatique ou choledoc ; d'un troisième côté, c'est un canal qui déblaye les substances qui excèdent la capacité des capsules : cette construction est démontrée par de savantes injections. La ligature de l'artère hépatique a d'ailleurs été faite à plusieurs animaux, et il s'est trouvé que la bile ne laissait pas que de se séparer ; d'où il faut inférer que les élémens dont elle se compose, ne viennent pas de cette source, mais de la veine-porte.

31. Si la nature n'avait pas deux sortes de sang à convoyer dans les diverses parties du systême, elle n'aurait pas doublé les artères : de plus, puisqu'elle le décompose dans le cœur, en deux parties, dont une en mouvement volatil ; l'autre sous la forme d'oxigène libre et d'acides ; il faut bien qu'elle ait eu un but en cela : et ce but ne peut être autre que de mêler ensemble les substances susceptibles de se combiner. L'une des artériolles apporte donc, aux chambres reconstitutionnelles, des bâses douées de calorique fixe, tandis que l'autre y verse de l'oxigène combinable.

32. J'oubliais une circonstance : chaque chambre est garnie d'un reste d'oxigène libre, émané, comme

au cœur (16), de la volatilisation qui a précédé. Telle est la scène.

33. Maintenant, soit supposé que l'artère hépatique fasse son émission en calorique doué des bâses. Dans l'instant la veine-porte, devenue artère, fera la sienne en oxigène et en acides. Voilà deux portions d'oxigène combinable, contre une seule de calorique fixe, savoir : l'oxigène de la veine-porte, et l'oxigène dégagé par la volatilisation qui a précédé ; il est impossible que le calorique fixe conserve son affinité sur les bâses : la combustion s'engage à la faveur de la chaleur naturelle, qui rompt l'équilibre : elle est proportionnelle à autant d'oxigène (7) : elle ne peut avoir lieu sans que le calorique fixe ne prenne la forme libre (7) ; et il ne peut prendre la forme libre, sans dilater les orifices de la racine de la veine-cave, de celle du canal hépatique, enfin le tube lymphatique ; sans ravir, à l'oxigéne fixe, son affinité ; sans le chasser sous la forme libre ; sans se résumer dans les bâses ; sans que ces mêmes bâses saturées de calorique fixe ne se rapprochent entr'elles ; enfin, sans que le viscère, dont tous les diamêtres se raccourcissent par le progrès de la volatilisation, ne chasse les fluides par où ils peuvent s'échapper. Le fluide hépatique enfile la racine de la veine-cave, attiré par le sang de cette veine déjà reconstitué ; car il y a attraction, et il n'y a d'attraction qu'entre substances identiques (4) : cette proposition a été démontrée en notre mémoire. Cependant le contenu et le contenant, émettent, par volatilisation simultanée, l'oxigène (7) qui se fixera par la combinaison veineuse ; ensorte que j'ai ramené un élément du sang de l'artère hépatique, au même point où je

l'avais pris, et que je l'ai soumis au même degré de combustion qu'il éprouvait.

34. Ce jeu d'une simplicité sublime, se reproduit lorsque la veine-porte dépose son tribut en calorique doué des bâses : ce calorique trouve pareillement deux oxigènes qui lui disputent la prépondérance sur le radical, l'oxigène émané de la volatilisation précédente, et celui qui est apporté par l'artériole hépatique : la chaleur naturelle rompt encore l'équilibre. Les circonstances étant les mêmes, il survient même expansion de calorique, sous forme libre ; même dilatation des origines du canal hépatique, de la racine de la veine-cave, du tube lymphatique : même retour du calorique dans les bâses ; les capacités qu'il remplissait, ne sont plus : les élémens solides du viscère, en se rapprochant, forcent les fluides à fuir par où ils peuvent : cette fois, ceux de la veine-porte enfilent le canal hépatique attirés par la bile qui y est déjà fixée, et qui est d'une nature identique : cependant le contenant et le contenu émettent un oxigène libre qui alimentera la combustion subséquente.

35. Le sang artériel se réintègre dans les veines, et la bile se sépare, par le même mécanisme que l'air atmosphérique s'introduit dans les poumons. Ici les matières, en combustion durant l'expiration, chassent leur fumée par la trachée-artère et la bouche ; là, par les tubes appelés lymphatiques, ou bien hors du systême, si les chambres sont périphérielles, et alors les émissions de ces tubes, composent la matière transpirable. Ici, et là, le calorique libre s'enrichit par la

combustion, et dilate tellement l'oxigène fixe, qu'enfin les bâses acquièrent plus d'affinité pour le premier de ces principes que pour l'autre : elles chassent donc celui-ci, et résument celui-là. La combustion pulmonaire étant immense, le calorique systématique ne suffit pas aux bâses ; elles attirent encore celui de l'atmosphère qui s'introduit avec son menstrue, phénomène impossible sans congélation (11) : la congélation survient donc, vous en avez la sensation dans l'acte de l'inspiration : son effet est de dégager sous forme libre l'oxigène fixé (7) : oxigène qui s'interpose comme dans la glace ; (9) interposition d'où résulte le *maximum* de volume et de masse dans les poumons, au moment de leur *maximum* de congélation : interposition qui dans ces deux espèces de foyers, fournit l'oxigène nécessaire à la combustion subséquente ; interposition qui, répétée, propage indéfiniment les phénomènes de l'une et de l'autre scène.

36. Ce fluide incendiaire, que nous avons séparé dans le cœur, que nous avons fait voyager dans les artères, qui s'est combiné et dégagé dans les chambres cellulaires, qu'enfin nous replaçons dans les veines, où il doit de nouveau émanciper sous forme libre le calorique fixé, et organiser la chaleur, si cette théorie n'est pas illusoire, doit se retrouver dans le sang ; car non-seulement il est coercible par les viscères humains : mais ses élémens massifs ne se dérobent pas aux yeux.... Eh bien ! voyez-le se dégager dans la palette ; il y est d'autant plus riche : 1°. Qu'il fait plus froid, car la volatilisation est proportionnelle à la congélation. 2°. Que le sang est plus enflammé, c'est-à-dire, plus

oxigéné ; la phlebotomie le présente tel. 3°. Qu'il tombe de plus haut : car la volatilisation est aussi proportionnelle au choc, ce qui est démontré par le choc du marteau sur l'enclume ; par le bruit des vagues de la mer agitée ; par le gasouillement des ruisseaux. Le phénomène d'une substance aërifome, mêlée au sang artériel, n'avait pas échappé à *Hypocrate* : il appelait les artères, *organes internes de la respiration. Eæ enim sunt spiracula corporis nostri : aërem in se ipsas trahant, et in reliquum corpus ac venulas derivant.* (de Morb. Sacro.)

37. Lorsque toutes choses procèdent selon l'ordre phisiologique, dans le vaste systême de la veine-porte, le radical du fluide, apporte aux foyers hépatiques du calorique en mouvement expansif : c'est-à-dire que son carbone et son hydrogène ont plus d'affinité pour l'oxigène que pour le calorique, contenant plus de l'un que de l'autre. Il en est autrement lorsque le radical a éprouvé sa révolution volatile dans les flots de la veine-porte : phénomène qui arrive toutes les fois que les combustions de cette veine élevent la chaleur au degré de celle du cœur. Le radical, contenant alors plus de calorique que d'oxigène, a plus d'affinité pour celui-là que pour celui-ci. Semblable à la potasse qui est fixe au feu, non-seulement il n'y délivre pas de calorique libre, mais il s'enrichit de celui qui y existe ; c'est-à-dire que son acide carbonique redevient du charbon ; et son eau-en-vapeurs, de l'hydrogène inflammable : mais dans le bel âge de la vie, le fluide de la veine-porte est riche en carbone, la bile se rapproche donc de l'état de charbon, ce qui lui imprime

la couleur noire : quant à son volume, qui est extrême, il résulte d'oxigène qui, coercé efficacement par le viscère, et ne pouvant s'échapper sous forme libre, reste interposé dans le fluide. Sur le retour de l'âge, le radical bilieux devient hydrogènique : radical qui résume sous forme de neige le calorique libre, (phénomêne démontré dans nos deux écrits), qui blanchit notre systême, qui cristallyse nos cheveux et compose la pituite ou albabile par laquelle périt enfin la viellesse.

38. Homme de l'art, ce peu de lignes vous en apprend plus que vingt volumes que vous avez peut-être lus, sur l'atrabile; car vous en connaissez maintenant la cause physique : vous savez donc tout ce qui peut convenir et disconvenir dans les affections atrabilieuses. *qui morbi causas noverit, is poterit conducentia corpori offerre.* (Hyp.)

39. Le carbone bilieux ne peut se réconstituer en charbon dans aucnne région des vastes domaines de la veine-porte, sans une immense résomption de calorique libre et interposé; toutes les capacités que ce calorique ocuppait, doivent donc disparaître, et les solides se rapprocher d'autant entr'eux. L'exponction qui résulte d'un tel rapprochement de parties, en un sphéroïde quelconque, force les fluides à fuir par où ils peuvent. La veine-porte n'a pas de soupapes : ils fuient donc par ses orifices extrêmes; non qu'il y ait rupture, mais ces sphincters s'ouvrent, le contenant étant trop petit, et le contenu trop grand; et telle est l'aitiologie de l'apoplexie sanguine, de l'hematemetsis, de l'hematurie, de la dissenterie, des menstrues urinaires, des hémoragies utérines, et autres hémoragies; symptômes

variés d'une madadie unique, appelée, par *Hypocrate*, *maladie noire*.

40. Quelle vraisemblance y a-t-il, je vous prie, que la veine-porte, dont les extensions sont immenses, dont les âteliers sont en activité perpétuelle, dont les produits bilieux se renouvellent avec un luxe qui n'a pas été calculé, employe tant de richesses à ne produire qu'un savon expulsable, avec le magma stercoral ? Le volume du foie dans le fœtus, la nature de la bile qui, analysée, reproduit notre nitre, notre souffre, notre ammoniac, notre phosphore, et tous les élémens que nous trouvons en nous, lorsque nous soumettons notre propre substance au creuset ; enfin les phénomènes des ictères, qui atteignent, non-seulement nos fluides et nos viscères, mais jusqu'à la substance intime de nos os; toutes ces choses ne doivent-elles pas ouvrir les yeux sur une destination plus noble, et nous convaincre que les élémens de la nutrition ont leur origine première dans la bile.

41. Disons donc que les élémens de la bile, admis dans les racines du canal hépatique, s'avancent par une combustion insensible, dans la vesicule cystique ; qu'en ce viscère ils sont soumis à un mouvement oscillatif, comme les élémens chimopoïétiques ; qu'ils sont chassés de même et jettés dans le duodenum ; qu'ils s'y combinent et sont intégrés dans les racines de la veine-cave, excepté les élémens trop ou trop peu oxigènés qui suivent le cours des secrétions; qu'admis dans le torrent de la circulation, et arrivés aux bifurcations artérielles, ils sont entraînés dans les artères bilieuses par identité de substance, soit dans le liquide déjà

admis, soit dans le tissu des vaisseaux, et de-là, déposés par les artériolles aux points à nourrir.

42. Si cette théorie était fille de l'imagination, certes, je n'en vois aucune qui soit plus dans le sens de la nature, puisque la nature en présente le type au foie (30) ; mais pour parvenir à la démontrer, il ne fallait rien moins que le secours d'*Hypocrate.*

43. Il sera démontré que le systême entier reçoit sa nutritiou de la bile, si le fait est démontré pour un seul cheveu; car la nature qui est une, ne fait pas la même chose de deux manières différentes : or c'est ce qui se déduit de l'apl.me. 34 s. 6, que *ceux qui sont chauves, ne sont pas sujets aux varices; et* que *s'il survient des varices aux chauves, leurs cheveux reviennent.* Vous ne contestez pas que les varices, ainsi que les hémoroïdes et la manie, ne proviennent d'atrabile : celà se déduit de vingt maximes d'*Hypocrate*, entr'autres de l'aphme., 21 s. 6.

44. Je devrais vous épargner peut-être la redite que chaque alveole capsulaire des cheveux, est douée de cinq orifices; d'une racine de veine, d'une racine de cheveu, d'un canal lymphatique et de deux extrémités artérioliques; et que les artériolles n'étant pas délatrices du même sang (31), l'une d'elles convoye donc du saug de la veine-porte ; enfin, que leurs émissions se font alternativement au profit de la racine de veine, et de la racine de cheveu.

45. Mais il est évident que si l'artériolle bilieuse dépose aux racines de cheveux, de l'atrabile au lieu de bile, la calvitie surviendra ; car l'atrabile est un composé de bases qui ont plus d'affinité pour le calorique que pour l'oxigène : fixes au feu et incapables

de combinaisons, elles ne peuvent conserver la vie qu'elles n'ont plus, et qui consiste en combinaisons. Ce sont des élémens morts et que le temps sépare du vif. La calvitie sera donc inévitable, et elle aura pour effet de purger le systême d'atrabile; ainsi les varices, qui sont le produit d'atrabile, seront dificilement organisables; que si, par une cause quelconque, la calvitie étant établie, l'atrabile qui lui a donné naissance ne se répartit pas uniformément sur le cuir chevelu; si, au contraire, il s'en forme en un point quelconque une légère collection; ce sera le noyau d'une varice : en vertu de la loi de l'attraction, ce noyau attirera à lui, à cause de l'identité de substance, l'atrabile fugitive du systême; plus ce noyau deviendra massif, plus fortement il l'attirera; si bien qu'enfin le systême, qui en sera purgé, deviendra phisiologique, et que les cheveux ne recevront plus que les élémens nutritifs qui leur conviennent. La calvitie ne pourra donc plus exister. La calvitie s'organise donc par la constitution atrabilieuse, au contraire elle se désorganise par la constitution bilieuse : donc les cheveux reçoivent de la bile leur cause physique, c'est-à-dire, leur nutrition.

46. Je n'atteindrais pas mon but, celui de démontrer l'existence d'une médecine exacte, si je n'en appliquais les principes à la therapeutique de quelque maladie grave et caractérisée : je fais choix des deux ictères, comme plus liés à notre sujet.

47. Soit suposé qu'une congestion se forme sur le systême de l'artère hépatique, et que celui de la veine-porte n'en soit nullement atteint; il arrivera deux choses :

48. La première, que le sang de la veine-porte se distribuera, selon la même proportion qu'auparavant, dans toutes les chambres cellulaires; mais qu'il y aura des chambres où il arrivera seul, les artériolles hépatiques, obturées par la congestion, n'y versant aucun produit;

49. La seconde, que, dans toutes les autres, son oxigène et son calorique trouveront une plus grande quantité; l'un, de calorique; l'autre, d'oxigène, savoir le calorique et l'oxigène qui n'auront pas été distribués dans les chambres, par les artériolles inactives, et qui se seront rendus dans les autres dépôts, par des ramifications diverses.

50. Dans les chambres où le sang de la veine-porte arrivera seul, il fera son émission, supposons d'abord, en calorique doué des bâses; il ne trouvera qu'un seul oxigène, savoir: celui dégagé de la précédente volatilisation: il ne pourra y avoir combustion faute d'oxigène, il restera stationnaire un moment, surviendra son émission oxigènique, alors, et au moyen de la chaleur naturelle qui rompra l'équilibre, la combustion procédera, sera suivie de sa volatilisation, et la bile sera séparée physiologiquement cette fois.

51. La scène sera différente dans les chambres fréquentées par les artériolles hépatiques. Lorsque la veine-porte versera son produit en calorique doué des bâses, il trouvera trop d'oxigène (49), la combustion sera trop forte, la volatilisation pareillement (7), ainsi cette fois l'élément bilieux, rendu dans le canal hépatique, ne sera pas physiologique, il sera trop fixe, aura trop d'affinité pour le calorique.

52. Au contraire, le calorique hépatique étant plus

riche, et ne trouvant pas une plus grande portion d'oxigène dans l'émission de la veine-porte qui est restée la même (49), la combustion procédera faiblement, il en sera de même de la volatilisation subséquente : l'élément sanguin intégré ne sera donc pas physiologique ; trop peu fixe, il aura trop d'affinité pour l'oxigène.

53. Il suit de cette hypothèse qu'il n'y aura de bile physiologique que dans les chambres dépareillées, et que dans toutes les autres il y aura alternative de bile trop fixe, et de sang qui le sera trop peu ; c'est de cette disproportion que naissent tous les symptômes caractéristiques de l'ictère blanc.

54. La paucité de bile physiologique ne pourra pas colorer les secrétions : la bile trop fixe, véritable atrabile, les colorera trop ; les selles seront donc, tantôt rembrunies, tantôt blanches, et les urines, tantôt bilieuses, tantôt pâles ; la clinique les trouve telles ; et c'est le premier symptôme de l'ictère blanc.

55. Cette même bile, trop fixe, était destinée à nourrir le système (43) : destination éludée ; l'émaciation naîtra donc, et c'est le second symptôme de cette maladie.

56. Mais le symptôme le plus signalé de l'ictère blanc, en un prurit affreux, et qui dure des années entières ; il a évidemment pour cause physique le sang trop peu fixe, et par conséquent trop doué d'affinité pour l'oxigène, de-là les immenses combustions du prurit.

57. Les volatilisations sont proportionnelles au calorique libre, et par conséquent aux combustions : ici elles sont extrêmes, les volatilisations le seront donc aussi, et c'est ce qui organisera les autres symp-

tômes de l'ictère blanc, savoir : le poulx uniformément retardé, la sécheresse et l'aridité de la peau, la fermeture du ventre, l'anorexie, la langueur, le teint ciré et chlorotique. Tous ces phénomènes ont leur cause première dans l'inactivité des combinaisons vitales, et un calorique trop fortement résumé.

58. Soit à présent supposé que la congestion tombe sur le système de la veine-porte, et que celui de l'artère hépatique ne soit pas atteint : il arrivera deux choses :

59. La première, que le sang de l'artère hépatique sera distribué de la même manière qu'auparavant ; mais qu'il y aura des chambres où il arrivera seul, les artériolles de la veine-porte, paralysées par la congestion, n'y versant point de produit.

60. La seconde, que dans toutes les autres chambres, son oxigène et son calorique trouveront une plus grande quantité, l'un, de calorique, l'autre, d'oxigène, savoir : le calorique et l'oxigène qui n'auront pas été distribués dans les chambres, par les artériolles inactives, et qui se seront rendus dans les autres dépôts, par des ramifications diverses.

61. Dans les chambres où le sang de l'artère hépatique arrivera seul, il fera son émission, supposons, d'abord en calorique doué des bâses : il ne trouvera qu'un seul oxigène, celui qui a été dégagé de la volatilisation précédente ; il ne pourra pas y avoir combustion, faute d'oxigène ; il restera stationnaire un moment, surviendra son émission oxigénique, alors la combustion procèdera, la chaleur naturelle rompant l'équilibre, la volatilisation surviendra, et le sang de l'artère hépatique sera réintégré physiologiquement, cette fois.

62. La scène sera différente dans les chambres fréquentées par les artériolles de la veine-porte ; lorsque l'artère hépatique versera son produit en calorique doué des bâses, il trouvera trop d'oxigène (60), la combustion sera trop forte, et par conséquent la volatilisation ; ainsi le calorique hépatique, intégré dans la veine-cave ne sera pas physiologique : il sera trop fixe.

63. Au contraire le calorique de la veine-porte étant en trop grande quantité, et ne trouvant pas un oxigène proportionnellement plus grand, dans l'émission de l'artère hépatique qui sera restée la même (59), l'élément bilieux intégré dans le canal hépatique, ne sera pas physiologique ; il sera trop faiblement fixé.

64. Il suit de cette hypothèse, qu'il n'y aura de sang physiologique que dans les chambres dépareillées, et que dans toutes les autres, il y aura alternative de sang trop fixe et de bile qui le sera trop peu ; et de cette disproportion vont naître tous les symptômes caractéristiques de l'ictère vrai ou de la jaunisse.

65, La paucité de sang physiologique déterminera des combustions d'autant plus fortes ; au contraire, l'excès de sang trop fixe déterminera des volatilisations proportionnelles : il y aura donc variation dans le poulx, il sera tantôt accéléré, et tantôt retardé ; c'est ainsi que, par un phénomène analogue, les selles ont été alternées dans l'ictère blanc.

66. Il n'y aura pas émaciation comme dans l'ictère blanc, car non-seulement ici la bile n'arrivera pas aux points à nourrir sous forme d'atrabile ; mais au contraire, sous forme trop peu fixe, et, par conséquent trop fortement volatilisable.

67. Et de-là même sortira le principal symptôme de l'ictère vrai. Les élémens de la nutrition du systême entier, et dont le radical est très-carbonique, en se volatilisant, se raprocheront de l'état de charbon fluide; en sorte qu'il n'y aura ni solide, ni fluide, qui n'en contracte la couleur. Non-seulement le corps sera doré extérieurement, mais la substance même des os sera altérée, les urines teindront le linge, les selles seront bilieuses, mais quelquefois seulement. La bile étant trop peu fixe, elle se portera de préférence dans l'intérieur du systême, par volatilisation intestinale. Il en restera peu pour colorer les selles, en sorte que très-souvent elles seront cendrées et candicantes, et la clinique les trouve en effet telles.

68. La suie qui est si amère, n'est autre chose que du carbone qui se réconstitue, par volatilisation, en charbon. Le carbone qui, dans l'ictère vrai, se volatilise dans la bouche, doit aussi y déterminer la sensation d'amertume : autre symptôme de cette maladie; symptôme qui présente l'aitiologie de ses flatulences, n'y ayant point de volatilisation sans fluide aëriforme dégagé (22).

69. Quant à la tristesse du malade, à son ventre qui est resséré, à sa peau aride, etc.; ce sont les effets du calorique sanguin, généralement trop fixe, et qui résiste aux combinaisons vitales.

70. Fiez-vous maintenant aux spécifiques dont se vante l'observation et la routine : « Ramollissez la tumeur par des bains chauds; humectez le ventre; faites couler les urines; s'il y a orgasme, purgez la tête, donnez un purgatif, et revenez aux diurétiques; ce qui calme la douleur, peut toujours être ordonné

sans péril : mais n'employez pour cela, ni les cholalogues, ni les hydragogues; il y a du danger, et vous vous exposeriez ». (de adf.)

71. La médecine exacte présente ici une thérapeutique aussi simple que la nature l'est elle-même; la nature a formé la congestion, par une série de combustions très-majeures qui ont été suivies de volatilisations semblables. Il est évident que si vous organisez dans le malade, le mouvement inverse, c'est-à-dire, une série de volatilisations très-majeures qui seront suivies de combustions semblables, vous détruirez son ouvrage, et remettrez toutes choses au même état que devant, à moins que la congestion, devenue indolente, ne soit déjà une partie morte; car l'art ni la nature ne ressucitent ce qui est mort.

72. Ordonnez donc qu'à des heures, dont la science sait faire le choix, le malade descende dans un bain, qui sera au degré du calorique humain; refroidissez-le par accession d'eau froide, jusqu'à ce que la rigueur survienne. Prorogez suffisamment cette rigueur; réchauffez ensuite graduellement le bain, jusqu'à ardeur subséquente. Alors, mettez le malade en un lit bien chaud, après lui avoir administré un sudorifique convenable : réitérez autant de fois qu'il faudra; et vous aurez la raison et l'observation pour garant du succès : car vous aurez institué le type fébrile : or, *hepar circum dolentibus febris accedens solvit.* (De adf.) Maxime répétée (aph.mes. 52, s. 7, et 40, s. 6.)

73. *Dans les maux extrêmes, les remèdes extrêmes sont les plus efficaces* (aph.me. 6, s. 1.) La médecine exacte en démontre de tels, contre plusieurs calamités,

entr'autres contre l'hydropisie et l'épilepsie ; remèdes qui ont déjà réussi entre les mains de l'empirisme et du hasard, lorsqu'ils ont coïncidé avec une constitution favorable ; là de saison ; ici d'âge : remèdes que la nullité des principes qui guident l'homme de l'art, rend nuls pour l'humanité, et dont la connaissance des causes fera un bienfait pour les êtres doués de courage. Ici et ailleurs, les formules de la médecine exacte seront susceptibles d'être généralisées, comme celles de l'algèbre ; et d'être appliquées aux espèces semblables, sauf les tempérammens et les modifications qu'exigeront les circonstances.

74. La philosophie m'avait bien apris que la nature, dévoilée un jour, serait si simple que les hommes n'y voudraient pas croire : mais je ne pensais pas qu'elle apporterait un trait de ressemblance avec le philosophe que le senat d'Abdére invita le père de la médecine à venir guérir.

75. *Hypocrate* du Doubs, mon maître (a) ! vous ne jugeâtes pas cette théorie avec autant de légèreté : près du terme que la nature vous avait marqué, vous fîtes approcher l'un des jeunes docteurs, dont la piété s'était chargée de soigner vos derniers momens ; et vous lui ordonnâtes de me dire que vous vous applaudissiez d'avoir souscrit mon diplôme.

76. Tel je m'étais montré à ce sage, tel je me presente à ceux auxquels la nation a confié le dépôt

---

(a) Le d[r]. *Rougnon*, qui a professé, durant 50 ans, la médecine, à Besançon, et qui est connu par de bons ouvrages et une pratique qui fut heureuse.

des sciences. C'est à eux à prononcer, si le prestige est du côté de celui qui a placé la cause de la fièvre, dans des volatilisations que la rigueur démontre (n°. 230, de notre premier écrit) ; ou du côté des Abdéritains qui la font dériver d'*irritation* et de *sensibilité* qu'ils placent jusques dans nos talons, comme si nos ames n'étaient pas une proie suffisante aux passions humaines : de celui qui, avec *Hypocrate*, professe : *qu'encore que les maladies paraissent n'avoir rien de semblables, cependant la cause et la forme de toutes est la même* (de flat) ; ou de ceux qui ont fait, les uns six classes de fièvres, les autres cent, sans avoir défini le moindre frisson, et voilant la pétition de principe, par le faste de dénominations grecques, tapisseries de papier sur des ruines qui s'écroulent : de celui qui présente les causes des virus et des métastases dans la fumée de foyers qui s'éteignent ; fumée qui se convertit comme dans nos cheminées, en suie de nouveau combustible ; ou de ceux, qui sans convois, et au mépris des résistances, font voyager nos élémens morbifiques, d'un bout à l'autre du systême.

77. Abdéritains, qui m'accusez de démence, je rends hommage à votre sagesse en un point ; vous avez simplifié la médecine : mais elle est encore plus simple que vous ne la faites. Car elle ne *consiste qu'en addition de ce qui est en défaut, et en soustraction de ce qui est en excès* (Hypocrate *ibid.*); addition et soustraction qui doivent être faites selon la nature et non autrement.

78, C'est une heureuse maxime d'*Hypocrate*, *qu'il est très-bon que le corps soit également chaud et mou par-tout* (coac) : elle présente l'origine commune de nos maux ; car il s'en déduit que toute altération de l'équilibre de chaleur en nous, est un état de maladie; proposition qui est réciproque : en effet rétablissez cet équilibre, dans votre malade, et la fièvre sera impossible; il jouira d'une santé parfaite : que si vous ne parvenez à le rétablir, il est perdu : plus ou moins vîte il se refroidira entièrement, ce qui constitue l'état de mort.

79. Mais la cause matérielle de la chaleur, et celle de la congélation, sont maintenant connues (7); nos maladies naissent donc toutes, de volatilisations en quelques parties du systême; volatilisations desquelles il résulte des combinaisons proportionnelles en d'autres régions, l'oxigène dégagé (7) étant une cause qui ne peut rester sans effet; Tel le marteau, qui frappe l'enclume, détruit la phisiologie de l'atmosphère, le combustionne, excite ses clameurs plaintives (11).

80. Autant la nature varie ses radicaux, autant sont variables ses volatilisations; en sorte que, quoique la cause de nos maux soit une, cependant nul ne peut nombrer leurs variétés. La fièvre la plus simple, la plus uniforme de toutes, n'est pas identique chez les hommes et chez les femmes : *car la volatilisation fébrile commence en elles, aux lombes, et a son progrès par le dos à la tête; au lieu qu'en nous, elle commence à la partie antérieure ou postérieure du corps* (aph^me^. 70 s. 5) : or, le radical lombaire des femmes, n'est nullement homogène au radical jécoral ou pulmonaire des hommes.

81. La découverte est neuve, dira-t-on; c'est le froid et le chaud fraîchement ressuscités des grecs..... Je le veux..... mais aucun *Lavoisier* n'avait revélé aux grecs la cause matérielle du *chaud*; ils ne connaissaient pas celle du *froid* : *Newton* n'avait pas paru,

qui a enseigné aux hommes l'attraction et ses lois ; seule puissance motrice de l'univers, et qui donne le branle à l'un et à l'autre.

82. Mais ne vous y méprenez pas ; vous ne combattrez, sans dauger, ni le *froid* par le *chaud*, ni le *chaud* par le *froid*. Le voyageur haletant, qui se désaltère d'eau glaçante, est soudain frappé de pleurésie ; et ses membres glacés le sont de sphacéle, s'il les chauffe ; au contraire, nous guérissons les inflammations pulmonaires par des breuvages chauds ; et la congélation des membres par le contact de la glace : et c'est la thérapeutique de la nature dans ses accès pyrectiques. Est-elle surprise de rigueur ? elle proroge la gelée : cependant les bâses aériennes et terrestres émancipent successivement tant d'oxigène, que ce principe, sous forme libre, prédomine enfin sur elles, qu'il s'y fixe, et qu'il institue ainsi la combustion (7) du dégel. *Senac* rapporte que des soldats s'étant jettés par forfanterie, dans la pièce des Suisses, au moment de l'invasion fébrile, le paroxisme devint plus court, et que cette bravade, réitérée, en guérit plusieurs. *Wan-Swieten*, au contraire, fait mention d'un jeune homme, mort pleurétique, pour avoir décliné la rigueur, par des breuvages spiritueux. Est-elle consumée d'ardeurs fébriles ? Elle proroge des journées brûlantes ; cependant les bâses émancipent successivement tant de calorique, que ce principe, sous forme libre, prévaut enfin sur elles ; qu'il s'y fixe, et qu'il compose avec elles, les frimats, les tempêtes, les pluies, qui rétablissent l'équilibre de la chaleur atmosphèrique, ou font renaître la rigueur : les causes, qui alternent les hivers et les étés, instituent en nous les récursions fébriles : la nature est une par-tout....

83. Le génie divin d'*Hypocrate* avait érigé cette théorie en pratique : *Les maladies se produisent et se détruisent par les mêmes causes*, dit-il, *ainsi qu'il se voit dans la toux et la Strangurie* ; et il ajoute la plus belle sans doute de toutes ses sentences : *Si non adsit idem facit; si adsit, idem sedat* (de loc. in h.) : Sentence d'après laquelle il purgeoit dans l'orgasme (aph^{es}. 21, s. 1); faisait vomir dans le vomissement (loc. cit.) ; prescrivait l'usage intérieur des cantharides dans la chlorose, l'hydropisie, les maladies urinaires, etc. etc. De nos jours, les lithontriptiques ont causé des maladies dont ils sont les remèdes, ainsi que *Van-Helmont* l'a observé pour l'asperge (traité de lith.). *Si non adsit, idem facit; si adsit, idem sedat.*

84. Nul n'a pu inventer une théorie aussi simple : c'est assez que d'y avoir été mené par l'observation raisonnée des phénomènes cliniques, et non autrement. Qu'a à opposer l'homme le plus encrouté de préjugés, à ceux de l'eau froide et de l'eau chaude, médicammens à radical simple et connu, dont les effets sont si divers ? L'une durcit, l'autre amollit la peau ; l'une prévient, l'autre provoque les supurations ; l'une mortifie, l'autre mondifie les plaies ; l'une suspend, l'autre détermine les menstrues ; l'une est bonne, l'autre est mauvaise sur le sang extravasé et les érésipèles non ulcérés ; l'une organise, l'autre désorganise les affections inflammatoires, catharales, tetanodes, angineuses, etc. ; l'une est anti-émétique, l'autre émétique, etc. (aph^{mes}. 22, 23, 24. s. 4.). *Si non adsit idem facit ; si adsit, idem sedat.*

85. La mèdecine exacte démontre que l'effet des purgatifs n'est pas seulement de déterminer les combinaisons péristaltiques, mais encore celles périphérielles :

c'est donc un crime que de les prescrire dans toutes les maladies volatiles ; *si non adsit, idem facit.* Vous êtes donc un ange exterminateur, disciple infidèle d'*Hypocrate*, qui en ordonnez *hors l'orgasme, et avant d'avoir obtenu les signes certains que la matière à purger est mûre*, (aphmes. 21. s. 1, et de morb. pop. L. 7). Vous donnez donc des poisons plus ou moins actifs, *aux sujets liéneux, desséchés, siticuleux, flatueux? à ceux dont la voix est rauque, la toux sèche, le thorax, le dos, les flancs distendus? à ceux qui ont des torpeurs, qui voyent mal, qui entendent du bruit dans les oreilles, qui urinent avec peine? qui sont atteint de la maladie royale, dont le ventre est maigre? à ceux qui ont des tubercules, ou des éruptions sanguines? .... S'ils ont besoin d'être purgés, c'est par en haut, avec de l'ellébore; mais par en bas, non.* (de us. ver.). *Autrement,* ,, *vous ne procurerez aucun soulagement; vous ne trouverez que des dangers; vous ravirez à vous, vos judications; à votre malade, ses libérations.* (De vict. rat. in ac. morb) ,,.

86. Soyez au moins aussi sages que vos cuisiniers, vous qui les opposez à la putridité : s'ils vidaient les volailles qu'ils apportent du marché pour votre consommation, dès le lendemain elles seraient corrompues : ils les conservent, en conservant des élémens précieux; vous répétez sans cesse *l'observation, l'observation :* ne voyez vous pas que la nature n'a formé le cœcum, n'a multiplié les plexus abdominaux, que pour y captiver du calorique fixe, et l'opposer à la masse de l'oxigène libre, dans le besoin? Et vous osez le chasser, alors qu'il est le plus nécessaire? vous jetez votre lest dans la tempête?

87. Filez, filez votre grain de lit en lit; *chassez avec violence ce qui ne devait sortir que spontanément* (aph^{me}. 2, s. 4) *pressez des évacuations qu'il aurait fallu arrêter, peut-être*, (ib.) : à mesure que la nature amasse à grands frais des secours puissans, soyez en les dissipateurs; dispersez-les au long et au large; puis ensuite, entretenez comme vous pourrez, les combinaisons vitales.....

88. O vous, qui brillez dans le premier rang, parmi les bienfaiteurs de l'humanité souffrante, veuillez rechercher la nature des fluides, que les radicaux des médicamens, prescrits par vous, chassent dans vos malades; et vous serez étonnés de tenir vos succès de votre propre conformité avec cette théorie. La médecine exacte est la votre; c'est celle d'*Hypocrate*; mais précédée du flambeau des causes. (a)

Par l'Auteur des Notions Mathématiques de chimie et de médecine, Professeur et Médecin suppléant, au Prytanée de S.-Cyr.

(a) *Hypocrate* lui-même regardait comme une chimère de remonter au causes. Les meilleurs esprits ont donc du rejetter mon écrit sur son titre : mais cette théorie déduite des élémens d'une science devenue sublime, assujétie d'ailleurs à l'exactitude, présente tant de cohérence entre toutes ses parties, qu'ils doivent prendre confiance en elle. Elle sauvera un jour un nombre indéfini d'hydropiques en été, d'épileptiques en bas âge, et d'autres sujets atteints d'affections très-réfractaires, sans autre secours que le froid et le chaud employés selon le mode de la nature : avec le *froid* et le *chaud* elle fait et défait tout.

A Versailles, de l'Imprimerie de JACOB, Imprimeur-Libraire, Place d'Armes, n°. 8.
Et à Paris, chez FUCHS, Libraire, rue des Mathurins, hôtel Cluny.

www.ingramcontent.com/pod-product-compliance
Ingram Content Group UK Ltd.
Pitfield, Milton Keynes, MK11 3LW, UK
UKHW021208230726
13926UKWH00001B/395

9 782014 044911